PUBLICATIONS INDUSTRIELLES DE EUGÈNE LACROIX

NIVEAUX CHAIRGRASSE

Brevetés S. G. D. G.

BROCHURE EXPLICATIVE

SUR LEUR CONSTRUCTION ; LEUR USAGE ET LEURS NOMBREUX AVANTAGES

Moyen de se passer de la mire divisée et de la chaîne d'arpenteur dans les opérations du nivellement et d'arpentage

PAR M. **CHAIRGRASSE**
Conducteur des ponts et chaussées à Dijon

ET M. **J. VINOT**
Professeur de mathématiques à Paris

Un franc

PARIS

LIBRAIRIE SCIENTIFIQUE, INDUSTRIELLE ET AGRICOLE

Eugène LACROIX, Éditeur
LIBRAIRE DE LA SOCIÉTÉ DES INGÉNIEURS CIVILS
15, quai Malaquais

1864

NIVEAUX CHAIRGRASSE

PRIX DES INSTRUMENTS.

---

	fr.
N° 1. { Planchette en acajou, limbe divisé en cuivre, aiguille en acier.........................	5
N° 2. { Comme pour le n° 1, avec deux pinnules de niveau à chape, avec vis de pression, un genou et une vis de réglage. } Planchette en acajou.....	12
	— en cuivre verni. 24
N° 3. { Comme pour le n° 2, avec quatre pinnules d'équerre à chape et à vis de pression. } Planchette en acajou.....	18
	— en cuivre verni. 35
N° 4. { Planchette découpée en cuivre verni, aiguille en acier, alidade mobile, deux pinnules fixes, deux pinnules de niveau; double division, genou, etc..	50
Canne-trépied..	6
Jalon-mire...........................	6

Avec une augmentation de 8 fr. pour les instruments en bois et de 5 fr. pour les instruments en cuivre, chaque appareil sera muni d'une boussole divisée.

Paris. — Imp. P.-A. BOURDIER et Cie, rue Mazarine, 30.

NIVEAUX CHAIRGRASSE

Brevetés S. G. D. G.

BROCHURE EXPLICATIVE

SUR LEUR CONSTRUCTION; LEUR USAGE ET LEURS NOMBREUX AVANTAGES

Moyen de se passer de la mire divisée et de la chaîne d'arpenteur dans les opérations du nivellement et d'arpentage

Par M. **CHAIRGRASSE**
Conducteur des ponts et chaussées à Dijon

et M. **J. VINOT**
Professeur de mathématiques à Paris

PARIS

LIBRAIRIE SCIENTIFIQUE, INDUSTRIELLE ET AGRICOLE
Eugène **LACROIX**, Éditeur
LIBRAIRE DE LA SOCIÉTÉ DES INGÉNIEURS CIVILS
15, quai Malaquais

1864

Ouvrages de M. Vinot.

Récréations mathématiques, questions curieuses et utiles des sciences, extraites des auteurs anciens et modernes....... Prix : 3 fr.

Petite table de logarithmes, disposée dans le double but : 1° de donner des résultats suffisamment exacts des opérations qu'ont à faire les ouvriers, contre-maîtres, entrepreneurs, etc.; 2° de créer à peu de frais pour les élèves une bonne initiation à l'usage des tables de Callet. Prix : 50 c.

Erreurs relatives correspondantes des données et des résultats des opérations d'arithmétique, *Question du programme du baccalauréat ès-sciences*.................................... Prix : 30 c.

Calculs faits à l'usage des industriels, édition complétement refondue des comptes-faits de Lenoir........................ Prix : 3 fr.

Solutions raisonnées de problèmes de mathématiques et de physique donnés aux compositions écrites du baccalauréat ès-sciences, 4 livraisons.............................. La livraison, prix : 50 c.

Bulletin de l'enseignement universel. Travaux de l'Association des membres de l'enseignement. — Bibliographie. — Correspondance. — Nouvelles. — Variétés. — Annonces.

(M. Vinot s'engage à répondre à toute question relative à l'enseignement faite par les abonnés du Bulletin.)

Un numéro par mois; 3 fr. par an pour tous pays.

Chez M. Lacroix et chez l'auteur, rue des Beaux-Arts, 8. — On reçoit en payement des timbres-poste. — *Affranchir.*

AVERTISSEMENT.

Nous venons offrir aux arpenteurs, géomètres, constructeurs, architectes, ingénieurs, de nouveaux instruments de nivellement et d'arpentage, économisant leur temps d'une manière considérable, coûtant moins cher et présentant une solidité plus grande que les anciens, fournissant tantôt à la simple lecture, tantôt au moyen de calculs très-courts, les résultats ordinaires des opérations géodésiques qui exigent souvent la connaissance de la trigonométrie.

Entre les mains des instituteurs primaires et de leurs élèves, nous ne craignons pas d'affirmer que ces instruments seront parfaitement compris, et que le fils du cultivateur pourra, après une ou deux leçons, trouver de combien doit être baissée une pièce de terre dans un point, et de combien elle doit être élevée dans un autre pour donner un meilleur résultat de culture. Il trouvera de même quelle profondeur une rigole d'irrigation, commencée à une extrémité d'un champ, devra avoir lorsqu'elle sera arrivée à l'autre extrémité, pour fonctionner utilement, et épargnera à son père, et plus tard à lui-même, des tâtonnements sans fin, perte de temps, et, en agriculture plus que partout ailleurs, perte d'argent.

Les marchands de bois, les agents spéciaux des eaux et forêts trouveront immédiatement eux-mêmes la hauteur d'un arbre debout.

On cessera d'établir à vue d'œil, et par suite assez imparfaitement, l'inclinaison des toits, des talus, berges, accotements des routes; car il sera aussi facile d'obtenir en tout point la pente réglementaire ou convenue, qu'il est facile d'obtenir l'horizontalité dans l'établissement d'un mur avec le niveau de maçon. Or on sait qu'on ne permettrait pas à un ouvrier de se passer de cet instrument pour se fier à son coup d'œil. Les cantonniers auront donc nos instruments entre les mains, et le travail d'entretien des routes sera considérablement diminué et mieux exécuté. Tous les ouvriers du bâtiment auront des occasions sans nombre de les employer; les maçons, charpentiers, couvreurs, ferblantiers, terrassiers en retireront une grande utilité.

Les propriétaires, pour leurs petits travaux d'agrément ou pour la vérification de ceux qu'ils feront faire, s'en serviront également. Enfin, M. Vinot a trouvé le moyen d'employer, grâce à ces instruments, un procédé pour mesurer la distance horizontale de deux points sans chaîne et par un calcul très-simple, procédé dont le principe mathématique n'a guère été appliqué jusqu'à présent qu'en astronomie, et que les hommes spéciaux qui s'occupent des opérations géodésiques saisiront et mettront en pratique du premier coup.

Il en sera de même du procédé qui donne la hauteur du coup de niveau avec un simple jalon et sans mire divisée [1].

---

1. Pour les calculs à faire, nous nous permettrons de recommander l'usage d'une petite table de logarithmes dont M. Vinot est auteur.

CHAPITRE PREMIER.

Description des Instruments.

Les niveaux CHAIRGRASSE constituent quatre instruments ; savoir :

Nᵒ 1. — Niveau simple ;

Nᵒ 2. — Niveau simple, niveau ordinaire, niveau de pente ;

Nᵒ 3. — Niveau simple, niveau ordinaire, niveau de pente et équerre d'arpenteur ;

Nᵒ 4. — Niveau-équerre-graphomètre.

Nᵒ 1. NIVEAU SIMPLE.

Cet instrument se compose d'une planchette en acajou ou en métal, fig. 1, ayant 22 centimètres de longueur, 15 centimètres de largeur et de 2 à 10 mil-

1*

limètres d'épaisseur, portant un évidement intérieur AB en forme de quart de cercle, fig. 1.

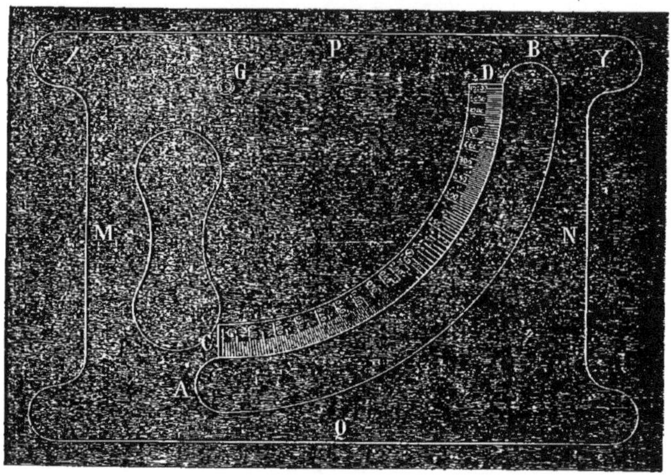

Fig. 1.

(Revoir cette figure, planche 1, fig. 1, demi-grandeur naturelle.)

Un limbe de cuivre, divisé d'une manière spéciale, fig. 1, est placé sur le bord intérieur de l'évidement, en CD. Les divisions de ce limbe indiquent les pentes par mètre.

Une aiguille en acier, fig. 2,

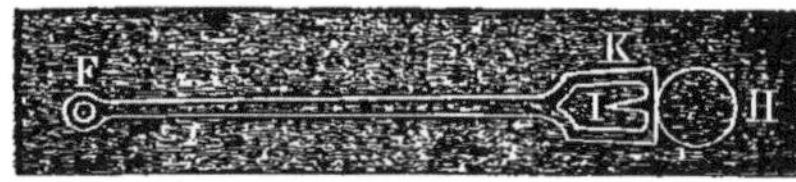

Fig. 2.

porte à sa partie supérieure un trou circulaire F, destiné à permettre à l'aiguille de tourner librement autour d'un bouton G situé sur la planchette, fig. 1. La partie inférieure de l'aiguille porte une balle de plomb H, qui force l'aiguille à prendre la position verticale; cette balle se place naturellement dans l'évidement AB, et, immédiatement au-dessus de la balle H, l'aiguille forme une fenêtre K, au milieu de laquelle un index métallique I, indique sur le limbe de cuivre CD les pentes par mètre, de 0 à 100 mètres par mètre.

Nota. L'instrument permet, à l'aide des tableaux, pages 21 à 24, de trouver immédiatement les pentes en degrés.

Nº 2. NIVEAU SIMPLE, NIVEAU ORDINAIRE, NIVEAU DE PENTE.

Il s'agit ici du même instrument que précédemment, auquel on a ajouté deux pinnules de niveau et un genou.

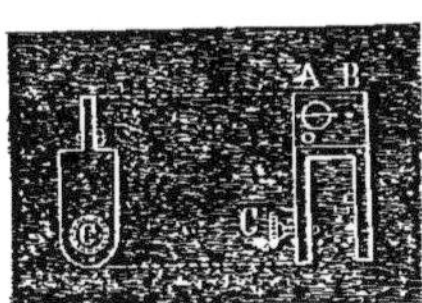

Fig.

Ces pinnules, fig. 3, sont à chape et à vis de pression C, et munies chacune d'un trou A et d'une fenêtre B, de façon que le trou de l'une corresponde à la fenêtre de l'autre, et réciproquement; l'une d'elles est réglée par une vis D, qui permet de l'élever ou de l'abaisser à volonté.

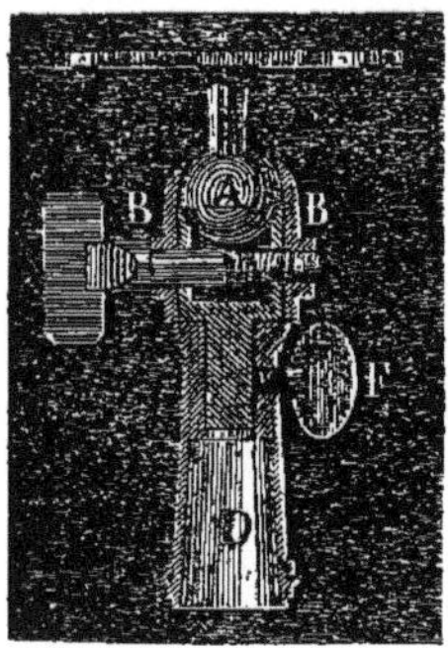

Fig. 4.

Le genou a la disposition indiquée fig. 4, c'est-à-dire que le genou A peut tourner avec ses coquilles B au moyen d'un tourillon C, qui se meut dans la douille D, cette douille pouvant demeurer immobile sur le pied pendant le mouvement de rotation, quand avec la vis de pression F on n'a pas fixé la douille au tourillon.

Les pinnules de niveau se placent aux deux extrémités XY de la partie supérieure de l'instrument,

fig. 1; cette partie prend alors la forme suivante ,
fig. 5.

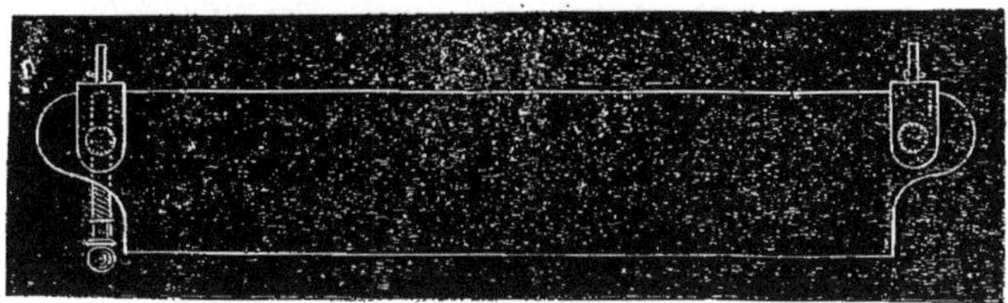

Fig. 5.

(Voir planche 1, fig. 2, le plan, et fig. 3, la coupe
de l'instrument ainsi disposé.)

On peut aussi donner aux pinnules de niveau une
forme différente, fig. 6.

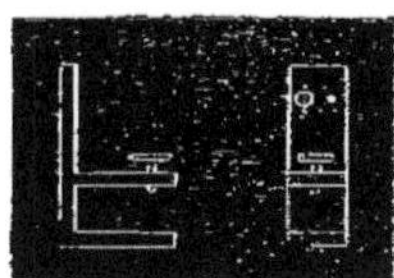

Fig. 6.

L'une des deux avec vis de rappel, et les placer
en M et N, fig. 4, sur la planchette, dont la partie
moyenne aura alors la forme suivante, fig. 7.

Cette forme sera plus convenable pour certaines opérations.

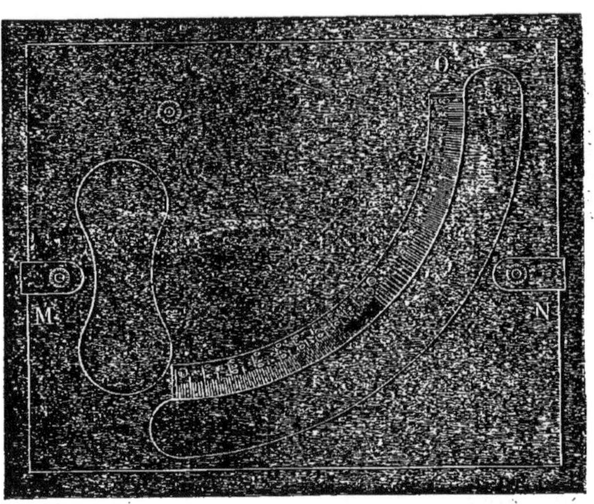

Fig. 7.

N° 3. NIVEAU SIMPLE, NIVEAU ORDINAIRE, NIVEAU DE PENTE ET ÉQUERRE D'ARPENTEUR.

On a ajouté à l'instrument précédent quatre pinnules d'équerre, se plaçant en M, N, P, Q, fig. 1. Ces pinnules d'équerre sont à fente et à fenêtre, de manière que la fente de l'une corresponde à la fenêtre de l'autre, et réciproquement, ou à fente seulement, fig. 8.

Ces pinnules sont à chape et à vis de pression, de manière qu'on puisse les enlever à volonté. Elles peuvent, du reste, être à charnière et demeurer fixées à l'instrument.

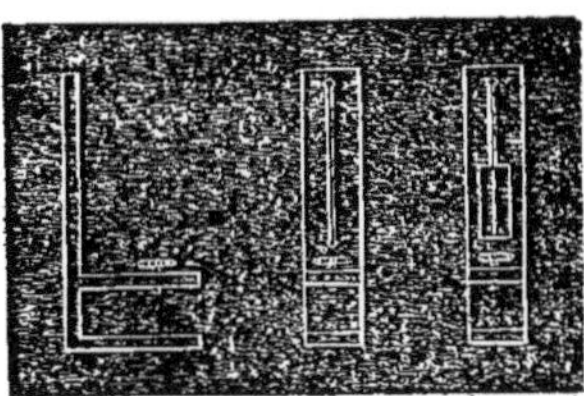

Fig. 8.

La planchette fonctionnera comme équerre ou comme niveau, suivant qu'elle sera horizontale ou verticale.

Le genou sera le genou perfectionné que nous avons décrit au n° 2, fig. 4. (Voir planche 1, fig. 4, le plan de l'instrument ainsi modifié; fig. 5., une coupe verticale donnant la position pendant une opération de nivellement; fig. 6, une coupe du même instrument fonctionnant comme équerre; fig. 7, une élévation suivant A B, et fig. 8, le plan d'une pinnule d'équerre à fente.)

N° 4. Niveau-Équerre-Graphomètre.

Cet instrument se compose d'une planchette, soit

en métal, soit en acajou, arrondie d'un côté en
demi-circonférence et portant sur le limbe de cette
demi-circonférence une division en degrés. Le reste
de cette planchette est disposé de façon à remplir
les fonctions des instruments précédents.

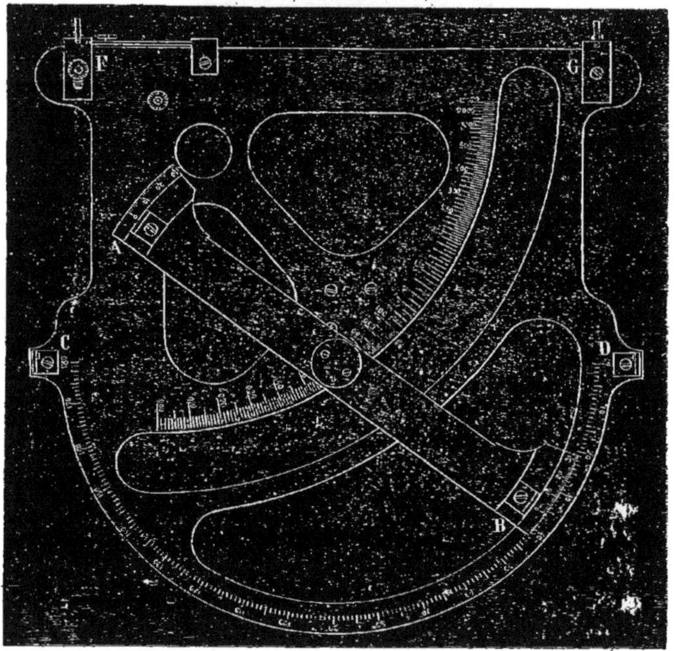

Fig. 9.

(Voir Planche 1, fig. 9, le plan de l'instrument;
fig. 10, une coupe verticale; fig. 11, une coupe ho-

rizontale; fig. 12, l'élévation d'une pinnule, demi-grandeur naturelle.)

Une alidade AB, munie d'un vernier, permet d'utiliser l'instrument comme graphomètre en le plaçant horizontalement. Dans la même position horizontale, l'alidade et deux pinnules d'équerre placées en C et en D lui permettent de servir d'équerre d'arpenteur, et les deux pinnules de niveau FG, lorsque l'instrument est vertical, en font un niveau ordinaire ou un niveau de pente. Les deux pinnules d'équerre C et D peuvent en outre, le plan de l'instrument étant vertical, servir de pinnules de niveau.

Nous ajouterons à cette nomenclature d'instruments la mention de deux accessoires importants.

1° CANNE-TRÉPIED.

Cette nouvelle disposition permet, sous un volume qui ne dépasse pas de beaucoup la forme et les dimensions d'une canne, fig. 10, d'avoir un trépied commode pour les nouveaux instruments comme pour les anciens; les anciens trépieds pouvant servir aussi pour les nouveaux instruments.

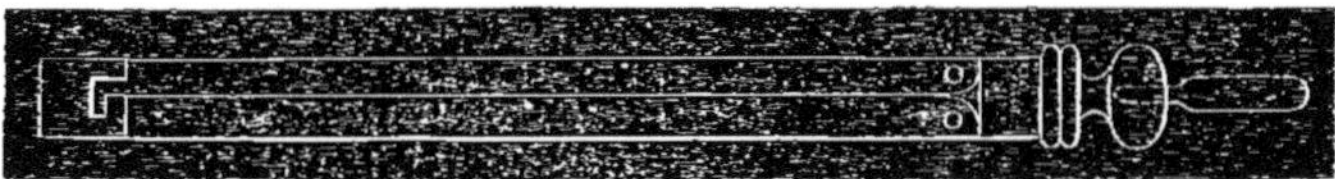

Fig. 10.

2° JALON-MIRE, servant à mesurer les distances sans chaîne, fig. 11.

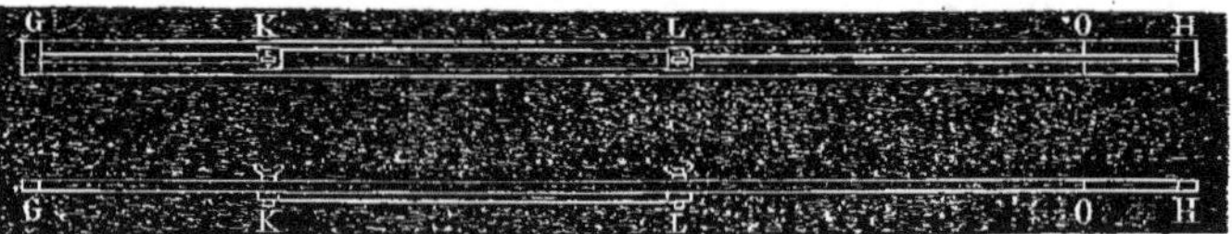

Fig. 11.

Un jalon en bois GH, de 3 mètres de longueur, peint en noir, sur lequel glisse et peut s'arrêter à volonté un autre jalon KL de 1 mètre de longueur et peint en blanc. On le tiendra verticalement, soit avec une pédale, comme celle de la mire ordinaire, soit avec un fil à plomb fixé à l'extrémité supérieure; sur une longueur de 0^m,30; le pied de l'instrument est peint en rouge.

CHAPITRE DEUXIÈME.

Usages des Instruments.

N° 1. Niveau simple.

Le niveau n° 1 servira à mesurer l'inclinaison des talus, murs de soutènement des terres, toits, perrés, et en général, de toutes les surfaces inclinées, et cela, sans calcul, à la simple lecture.

On placera sur la surface une règle dans le sens de l'inclinaison, et on posera le bord inférieur de l'instrument sur cette règle. Dans cette position, planche 2, fig. 1, l'index de l'aiguille donnera sur le limbe en cuivre la pente en centimètres par mètre. Ces pentes sont marquées, pour les cas ordinaires, de 0 à 1 mètre de pente par mètre, de centimètre en centimètre; mais l'œil pourra distinguer, à un demi ou même à un quart de centimètre près, la pente lorsque l'index tombera entre deux divisions.

Comme on exprime souvent les pentes en comparant la base de la surface inclinée à la hauteur, nous donnons le tableau suivant qui servira pour ce cas :

PENTES LUES SUR L'INSTRUMENT.						
0,25	signifie	4	de base pour	1	de hauteur.
0,33	—	3	—	1	—
0,50	—	2	—	1	—
0,67	—	3	—	2	—
1,00	—	1	—	1	—
2,00	—	1	—	2	—
3,00	—	1	—	3	—
5,00	—	1	—	5	—
10,00	—	1	—	10	—

C'est cet instrument qui permet d'obtenir une inclinaison demandée pour une surface , l'aiguille indiquant la pente aussi commodément que le niveau de maçon indique l'horizontalité. Inutile de dire que si l'index marque 0, la ligne sur laquelle l'instrument est placé est une horizontale.

Nous avons dit, dans la description de l'instrument, qu'un second limbe avec un autre index à l'aiguille pourrait donner les pentes en degrés; voici un tableau qui permettra, dans des limites suffisantes pour la pratique, d'obtenir le même résultat avec l'instrument ordinaire.

Les nombres de la première colonne sont les pentes de degré en degré, ceux de la deuxième sont les indications correspondantes de l'instrument.

DEGRÉS.	PENTES.	DEGRÉS.	PENTES.	DEGRÉS.	PENTES.
	m.		m.		m.
1	0,017	31	0,601	61	1,80
2	0,034	32	0,625	62	1,88
3	0,052	33	0,649	63	1,96
4	0,070	34	0,674	64	2,05
5	0,087	35	0,700	65	2,14
6	0,105	36	0,727	66	2,25
7	0,123	37	0,753	67	2,36
8	0,141	38	0,781	68	2,47
9	0,158	39	0,810	69	2,60
10	0,176	40	0,839	70	2,75
11	0,194	41	0,869	71	2,90
12	0,213	42	0,900	72	3,04
13	0,231	43	0,933	73	3,27
14	0,249	44	0,966	74	3,49
15	0,268	45	1,000	75	3,73
16	0,287	46	1,03	76	4,01
17	0,306	47	1,07	77	4,33
18	0,325	48	1,11	78	4,70
19	0,344	49	1,15	79	5,14
20	0,364	50	1,19	80	5,67
21	0,384	51	1,23	81	6,31
22	0,404	52	1,28	82	7,12
23	0,424	53	1,33	83	8,15
24	0,445	54	1,38	84	9,51
25	0,466	55	1,43	85	11,43
26	0,488	56	1,48	86	14,30
27	0,510	57	1,54	87	19,08
28	0,532	58	1,60	88	28,65
29	0,554	59	1,66	89	57,30
30	0,577	60	1,73		

Si donc on veut une pente de 35 degrés, on établira la pente de façon que l'instrument y marque par son aiguille 0^m,70, et si, en étudiant une pente, l'instrument accuse $1^m,60$, on verra par le tableau qu'il s'agit d'une pente de 58 degrés.

Voici en outre un tableau, donnant en degrés, minutes et secondes, les arcs correspondants aux divisions du limbe.

TANGENTE OU PENTE par mètre.	ANGLES.			TANGENTE OU PENTE par mètre.	ANGLES.		
	0	′	″		0	′	″
0.01	0	34	23	0.26	14	34	26
0.02	1	8	45	0.27	15	6	33
0.03	1	43	6	0.28	15	38	32
0.04	2	17	26	0.29	16	10	20
0.05	2	51	44	0.30	16	41	57
0.06	3	26	1	0.31	17	13	24
0.07	4	0	15	0.32	17	44	40
0.08	4	34	26	0.33	18	15	45
0.09	5	8	33	0.34	18	46	40
0.10	5	42	38	0.35	19	17	24
0.11	6	16	38	0.36	19	47	55
0.12	6	50	34	0.37	20	18	15
0.13	7	24	24	0.38	20	48	23
0.14	7	58	10	0.39	21	18	19
0.15	8	31	50	0.40	21	48	4
0.16	9	5	25	0.41	22	17	36
0.17	9	38	52	0.42	22	46	56
0.18	10	12	14	0.43	23	16	3
0.19	10	45	28	0.44	23	44	58
0.20	11	18	35	0.45	24	13	18
0.21	11	51	35	0.46	24	42	9
0.22	12	24	26	0.47	25	10	25
0.23	12	54	10	0.48	25	38	27
0.24	13	39	44	0.49	26	6	18
0.25	14	2	10	0.50	26	33	53

TANGENTE OU PENTE par mètre.	ANGLES.			TANGENTE OU PENTE par mètre.	ANGLES.		
	0	′	″		0	′	″
0.51	27	1	17	0.86	40	41	43
0.52	27	28	27	0.87	41	1	24
0.53	27	55	26	0.88	41	20	50
0.54	28	22	8	0.89	41	40	9
0.55	28	48	38	0.90	41	59	10
0.56	29	14	56	0.91	42	18	7
0.57	29	40	58	0.92	42	36	50
0.58	30	6	49	0.93	42	55	21
0.59	30	32	25	0.94	43	13	43
0.60	30	57	49	0.95	43	31	50
0.61	31	23	0	0.96	43	49	50
0.62	31	47	55	0.97	44	7	38
0.63	32	12	38	0.98	44	25	16
0.64	32	37	8	0.99	44	42	45
0.65	33	1	25	1.00	45	0	0
0.66	33	25	28	1.05	46	23	50
0.67	33	49	17	1.10	47	43	33
0.68	34	12	57	1.15	48	59	28
0.69	34	36	20	1.20	50	11	39
0.70	34	59	31	1.25	51	20	25
0.71	35	22	28	1.30	52	25	53
0.72	35	45	13	1.35	53	28	13
0.73	36	7	46	1.40	54	27	44
0.74	36	30	4	1.45	55	24	28
0.75	36	52	11	1.50	56	18	35
0.76	37	14	4	1.55	57	10	17
0.77	37	35	46	1.60	57	59	40
0.78	37	57	16	1.65	58	46	53
0.79	38	18	37	1.70	59	32	4
0.80	38	39	34	1.75	60	15	18
0.81	39	0	27	1.80	60	56	43
0.82	39	21	4	1.85	61	36	24
0.83	39	41	34	1.90	62	19	29
0.84	40	1	48	1.95	62	51	21
0.85	40	21	52	2.00	63	26	5

TANGENTE OU PENTE par mètre.	ANGLES.			TANGENTE OU PENTE par mètre.	ANGLES.		
	0	′	″		0	′	″
2.05	63	59	46	4.30	76	54	29
2.10	64	32	12	4.40	77	11	48
2.15	65	3	25	4.50	77	28	16
2.20	65	33	40	4.60	77	44	6
2.25	66	2	14	4.70	77	59	19
2.30	66	30	5	4.80	78	13	54
2.35	66	56	55	4.90	78	27	55
2.40	67	22	48	5.00	78	41	24
2.45	67	47	48	5.50	79	41	42
2.50	68	11	55	6.00	80	32	15
2.55	68	35	12	6.50	81	15	13
2.60	68	57	44	7.00	81	52	11
2.65	69	19	33	7.50	82	24	19
2.70	69	40	36	8.00	82	52	35
2.75	70	1	0	8.50	83	17	24
2.80	70	20	46	9.00	83	39	34
2.85	70	39	54	9.50	83	59	26
2.90	70	58	27	10.00	84	17	31
2.95	71	16	27	11.00	84	48	20
3.00	71	33	54	12.00	85	14	10
3.10	72	7	16	13.00	85	36	4
3.20	72	33	46	14.00	85	54	51
3.30	73	8	29	15.00	86	11	9
3.40	73	36	37	16.00	86	25	25
3.50	74	3	16	17.00	86	38	0
3.60	74	28	33	18.00	86	49	12
3.70	74	52	33	19.00	86	59	13
3.80	75	15	22	20.00	87	8	15
3.90	75	37	6	25.00	87	42	33
4.00	75	57	49	30.00	88	5	27
4.10	76	17	35	50.00	88	51	15
4.20	76	36	26	100.00	89	25	38

En mesurant la longueur du talus AB, planche 2,

fig. 1, suivant son inclinaison, on pourra, au moyen de la pente par mètre, lue sur l'instrument, trouver la base BC et la hauteur AC du talus par les calculs suivants.

Soit 8^m,50 pour la longueur de AB et 0^m,72 pour la pente par mètre. On multipliera 8^m,50 par 8^m,50, et 0^m,72 par 0^m,72 :

$$
\begin{array}{cc}
85 & 72 \\
85 & 72 \\
\hline
425 & 144 \\
680 & 504 \\
\hline
72,25 & 0,5184
\end{array}
\qquad
\begin{aligned}
8,50 \times 8,50 &= 72,25 \\[1em]
0,72 \times 0,72 &= 0,5184
\end{aligned}
$$

On ajoutera 1 au dernier produit,

$$
\begin{array}{l}
1 \\
0,5184 \\
\hline
1,5184
\end{array}
\qquad 1 + 0,5184 = 1,5184
$$

On divisera le premier produit 72,25 par le dernier résultat 1,5184 :

$$
\begin{array}{l}
722500 \ \big|\ \underline{15184} \\
115140 \ \big|\ 47,5829 \\
\quad 88520 \\
\quad 126000 \\
\quad\ \ 45280 \\
\quad\ \ 149120 \\
\quad\ \ \ 12464
\end{array}
\qquad 72,25 : 1,5184 = 47,5829
$$

et on cherchera la racine carrée du quotient 47,5829 :

$$
\begin{array}{c|l}
475829 & \;6,89 \\
1158 & \overline{\;128\times 8} \\
\;13429 & \;1369\times 9 \\
\;1108 &
\end{array}
\qquad \sqrt{47,5820} = 6,898.
$$

On aura ainsi 6^{m},90 pour la base BC.

Quant à la hauteur AC, on l'obtiendra en multipliant la base 6^{m},90 par 0^{m},72 :

$$
\begin{array}{r}
69 \\
72 \\
\hline
138 \\
483 \\
\hline
4,968
\end{array}
\qquad 6,90 \times 0,72 = 4,968.
$$

On obtient par là 4^{m},97 pour la hauteur AC.

On préférera, quand ce sera possible, mesurer BC directement, au moyen de règles tenues horizontalement le long de AB, et, après avoir trouvé 6^{m},90 par une mesure directe, chercher la hauteur AC en multipliant 6^{m},90 par la pente 0^{m},72, pour avoir 4^{m},97 comme nous venons de faire.

N° 2. NIVEAU SIMPLE, NIVEAU ORDINAIRE, NIVEAU DE PENTE.

Cet instrument se place, au moyen du genou, soit sur un pied d'équerre, soit sur un trépied ordinaire, soit sur une de nos cannes-trépied; la planchette étant verticale, il servira d'abord comme le précédent.

1° Planche 2, fig. 2. On se place en AE à une des deux extrémités de la ligne dont on veut mesurer la pente; à l'autre extrémité BF, on pose un jalon dont le sommet F, ou une mire dont le voyant soit à la même hauteur au-dessus du sol que le niveau, et on ajuste par les pinnules la ligne EF. L'aiguille indique la pente par mètre de cette ligne EF, soit $0^m,15$. Pour obtenir la différence de hauteur DB ou AC des points A et B, on mesurera la distance horizontale AD à la chaîne, et $AD \times 0,15$ donnera la hauteur BD; ou on mesurera le long de l'inclinaison la ligne AB, et le même calcul que dans le cas de l'instrument n° 1 fera trouver l'horizontale AD et ensuite la hauteur DB.

Ensuite il servira à la détermination des cotes d'autant de points qu'on voudra. (Nivellement simple et composé.)

2° Planche 2, fig. 3. On tiendra la planchette verticale, et on la fera tourner autour du genou jusqu'à ce que l'aiguille marque zéro; alors les pinnules de niveau seront sur une ligne de visée horizontale. Pour s'assurer qu'elles sont bien réglées, on visera un point d'un jalon assez éloigné à travers un des trous et la fenêtre correspondante des pinnules de niveau. On fera tourner ensuite la planchette avec son genou au moyen du tourillon placé dans la douille jusqu'à ce qu'elle ait fait 180 degrés et que les pinnules de niveau aient changé de place, et en ajustant de nouveau, la ligne de visée devra tomber au même point du jalon que précédemment. Sinon, on fera marcher une des deux pinnules avec la vis de rappel, de façon à partager la différence, et le niveau sera réglé. On donnera alors les coups de niveau avant et les coups de niveau arrière comme avec le niveau d'eau, et avec une mire divisée on déterminera les cotes comme à l'ordinaire, ou en mesurant chaque fois la distance horizontale et la pente de la ligne qui irait du niveau au pied de la mire, on déduira la hauteur de mire par le calcul. Nous indiquerons bientôt, du reste, une manière d'obtenir sans chaîne la distance horizontale du niveau au point nivelé, et par suite la hauteur qu'on lirait sur une mire divisée, par un simple calcul.

3° Le même instrument mesurera une hauteur dont le pied est accessible. Planche 2, fig. 4.

On se placera avec l'instrument à une certaine distance BC du pied de l'objet; on visera ensuite le sommet A de l'objet, et on lira sur l'instrument la pente par mètre, soit $0^m,83$. En multipliant la distance horizontale de l'instrument à l'objet, soit $9^m,20$ par $0^m,83$,

$$
\begin{array}{r}
92 \\
83 \\
\hline
276 \\
736 \\
\hline
7,636
\end{array}
\qquad 9,20 \times 0,83 = 7,636,
$$

on aura $7^m,64$ pour la hauteur AB, et en ajoutant à cette hauteur l'élévation du niveau C au-dessus du pied D de l'objet, soit $1^m,40$, on aura

$$7^m,64 + 1^m,40 = 8^m,04 \text{ pour la hauteur cherchée.}$$

RÈGLE PRATIQUE POUR MESURER LA HAUTEUR D'UN OBJET DONT LE PIED EST ACCESSIBLE. — *On multiplie la pente de la ligne qui va au sommet par la distance du niveau à l'objet, et on ajoute la hauteur du niveau au-dessus du sol.*

4° On pourra aussi mesurer une hauteur dont le pied est inaccessible. Planche 2, fig. 5.

On placera alors l'instrument en deux stations C et D, sur une horizontale allant au pied de l'objet; on mesurera la distance CD de ces deux stations, soit 6^m, et les pentes des lignes CA et DA, qui vont des deux stations au sommet de l'objet, soit 1^m,82 et 1^m,07, on multipliera la distance des deux stations, 6^m, par la plus petite pente, 1,07 :

$$1{,}07 \times 6 = 6{,}42;$$

$$\begin{array}{r} 1{,}07 \\ 6 \\ \hline 6{,}42 \end{array}$$

puis le produit obtenu, 6^m,42, par la plus grande pente, 1,82 :

$$6{,}42 \times 1{,}82 = 11{,}6844,$$

$$\begin{array}{r} 642 \\ 182 \\ \hline 1284 \\ 5136 \\ 642 \\ \hline 11{,}6844 \end{array}$$

et on divisera le deuxième produit, 11^m,6844, par la différence des deux pentes, qui est

$$1{,}82 - 1{,}07 = 0{,}75$$

$$\begin{array}{r|l} 1168{,}44 & 75 \\ 418 & \overline{15{,}579} \\ 434 & \\ 594 & \\ 690 & \end{array}$$

et en ajoutant au quotient la hauteur, $1^m,40$, du niveau au-dessus du pied de l'objet,

$$15,58 + 1,40 = 16,98,$$

la hauteur de l'objet serait $16^m,98$.

RÈGLE PRATIQUE POUR MESURER UN OBJET DONT LE PIED EST INACCESSIBLE. — *D'une certaine distance on vise le sommet de l'objet et on lit la pente. Plaçant ensuite le niveau à une autre distance de l'objet sur la même horizontale que la première fois, on vise de nouveau le sommet et on lit la nouvelle pente. On multiplie la distance des deux stations de l'instrument par la plus petite pente, puis par la plus grande, et en divisant le produit par la différence des deux pentes, on n'a plus qu'à ajouter au quotient la hauteur du niveau au-dessus du sol pour avoir le résultat cherché.*

5° Largeur d'une rivière ou d'un obstacle n'arrêtant pas la vue, lorsqu'on peut approcher d'un bord et que les deux bords sont de même niveau. Planche 2, fig. 6.

On se place au bord accessible B, on mesure la pente de l'oblique BC, qui va de l'œil à l'autre bord C, soit $0^m,14$, et on divise la hauteur de l'instrument, soit $1^m,40$ par $0^m,14 : \dfrac{140}{14} = 10^m$ donne la largeur cherchée AC.

RÈGLE PRATIQUE POUR MESURER LA LARGEUR D'UN OBSTACLE. — *On divise la hauteur du niveau au-dessus du sol par la pente de la ligne qui va de l'œil à l'autre bord.*

6º Même problème lorsqu'on ne peut approcher du bord. Planche 2, fig. 7.

On place l'instrument sur la ligne droite qui unit les deux bords, le plus près possible, et on détermine comme tout à l'heure et successivement la distance du pied de l'instrument au bord le plus éloigné et au bord le plus rapproché; une soustraction donne ensuite la largeur cherchée.

Soit la première pente de $0^m,7$, la distance EG du pied de l'instrument au bord le plus éloigné sera :

$140 : 7 = 20^m$, soit $0^m,18$ l'autre pente,

$140 : 18 = 70 : 9 = 7^m,78$ sera la distance E F au bord le plus rapproché. On aura donc pour la largeur cherchée

$$20^m - 7^m,78 = 12^m,22.$$

Nº 3. NIVEAU SIMPLE, NIVEAU ORDINAIRE, NIVEAU DE PENTE, ÉQUERRE D'ARPENTEUR.

Nous avons dit dans la description en quoi consiste la modification qui fait à volonté de cet instru-

ment une équerre d'arpenteur. Il n'entre pas dans
dans notre plan de dire les usages de l'équerre. Il
est bien entendu que tous les problèmes que nous
venons d'indiquer au n° 2 se font de la même manière avec l'instrument n° 3. Nous ajouterons cette
observation, qu'une boîte de 30° de long, 25 de large
et 5 ou 6 d'épaisseur contient l'instrument, et que cet
instrument dans une main, une canne-trépied dans
l'autre, des jalons qu'on trouve partout, ou notre
jalon-mire, on est complétement équipé pour toutes
les opérations topographiques qui peuvent se pré-
senter.

N° 4. Niveau-Équerre-Graphomètre.

Une planchette métallique , une alidade mobile à
vernier, marchant sur un limbe divisé en degrés,
et deux pinnules d'équerre placées aux deux extrémités du limbe que parcourt l'alidade, composent
les parties nouvelles de cet instrument. Mettant la
planchette horizontale , les deux pinnules d'équerre
font fonction d'alidade fixe, et l'alidade mobile
mesure les angles. L'adidade mobile, fixée à 90°,
donne l'équerre d'arpenteur avec les deux pinnules.
Les deux pinnules de niveau, le limbe et l'aiguille,
donnant les pentes par mètre, sont placés sur le
même instrument, et dans la position verticale de la

planchette, pendant que l'aiguille donne les pentes par mètres, l'alidade sert à les obtenir en degrés.

Nº 5. CANNE-TRÉPIED.

Inutile d'expliquer son usage, nous rappellerons seulement qu'elle peut remplacer en toute occasion les anciens trépieds.

Nº 6. JALON-MIRE.

Un aide se placera comme avec la mire au point qu'on veut niveler, il amènera, sur les indications de l'arpenteur, une des deux extrémités du jalon blanc, selon sa commodité, sur la ligne de visée du niveau horizontal. Il fixera le jalon blanc au jalon noir et tiendra le tout bien verticalement. L'arpenteur ajustera ensuite l'autre extrémité du jalon blanc, puis le sol au pied du jalon noir, et lira sur l'instrument les pentes de chacune de ces deux dernières lignes. Planche 2, fig. 8.

1° Soit $0^m,08$ pour la pente de la ligne A C, $0^m,25$ pour la pente de la ligne A D.

En divisant la longueur du jalon blanc, 1^m, par la

première pente 0^m,08, on aura pour la longueur de la ligne AB,

$$100 : 8 = 12^m,50;$$

et en divisant la deuxième pente, 0^m,25, par la première, 0^m,08, on aura, pour la hauteur BD de la ligne de niveau au-dessus du sol (coup de niveau),

$$25 : 8 = 3^m,12.$$

2° Soit 0^m,14 pour la pente de AC, 0^m,02 pour celle de AD. On aura de même que tout à l'heure :

$$AB = 100 : 14 = 50 : 7 = 7^m14,$$

et

$$BD = 2 : 14 = 1 : 7 = 0^m,14.$$

Il conviendra, pour cette opération, d'évaluer à la vue les millimètres de pente donnés par l'index de l'aiguille, et s'il s'agit d'une grande distance, d'augmenter la longueur du jalon blanc en lui en ajoutant un de longueur connue. On prendra alors la longueur totale du jalon blanc et de l'autre jalon au lieu de 1^m pour faire les mêmes calculs.

On pourra aussi, avec le jalon-mire, trouver la hauteur d'un sommet escarpé A, Planche 2, fig. 9, lorsqu'on pourra se transporter à ce sommet avec l'instrument. L'aide se tiendra au pied de l'escarpement, le jalon blanc touchant le sol, l'arpenteur, du sommet, prendra la pente de la ligne A B et de la ligne A C, qui vont aux deux extrémités du jalon blanc.

Soit $1^m,82$ la pente de AC, $1^m,74$ celle de A B.

On retranche $1,82 - 1,74 = 0,08$,

et on divise la longueur du jalon blanc, 1^m, par 0,08.

$$\begin{array}{c|c} 100 & 8 \\ 20 & \overline{} \\ 40 & 12,5 \end{array} \qquad 100 : 8 = 12,50$$

on a ainsi $12^m,50$ pour la distance horizontale AD, puis on divise la plus grande pente, $1,82$, par la même différence, $0,08$.

$$\begin{array}{c|c} 182 & 8 \\ 220 & \overline{} \\ 600 & 22,75 \\ 40 & \end{array} \qquad 182 : 8 = 22,75$$

et on a $22^m,75$ pour la hauteur CD de l'escarpement.

On en retrancherait la hauteur de l'instrument.

Si l'arpenteur était au pied de l'escarpement, et le jalon au sommet, la seule différence que présenterait le calcul, c'est que, pour trouver la hauteur, ce serait la plus petite pente au lieu de la plus grande qu'il faudrait diviser par la différence des deux pentes.

———

CHAPITRE TROISIÈME.

Théorie des Instruments.

On démontre en trigonométrie élémentaire que,
dans un triangle rectangle, un côté de l'angle droit
est égal à l'autre côté de l'angle droit multiplié par
la tangente trigonométrique de l'angle opposé au
premier côté.

Fig. 12.

Ainsi, dans le triangle rectangle (fig. 12), le côté
A C est égal au côté A B, multiplié par la tangente
trigonométrique de l'angle B. Réciproquement, la

tangente trigonométrique de l'angle B est égale au côté AC divisé par AB; or, si AB vaut 1^m, la ligne AC divisée par 1, c'est-à-dire la valeur même de la ligne AC, sera la tangente en question, en même temps qu'elle sera la pente par mètre[1].

L'instrument étant dirigé suivant la ligne BC, l'aiguille, à cause du plomb qui la tend, prend la

---

[1]   *Autre théorie plus élémentaire.*

Soit, planche 2, fig. 10, une droite AB, de 1^m de long et une perpendiculaire BO à son extrémité B, portons sur la perpendiculaire BO des longueurs BC, CD, DE, etc., de 10 centimètres chacune, et joignons AC, AD, AE, etc.; il est clair que la ligne AC a une pente de 10 centimètres par mètre, AD, une pente de 20 centimètres par mètre, AE, une pente de 30 centimètres par mètre, etc. Décrivons de A comme centre avec AB pour rayon, une circonférence, et arrêtons nos lignes AC, AD, AE, à leur rencontre avec la circonférence en F, G, H, on voit bien que les nouvelles lignes AF, AG, AH, ont les mêmes pentes par mètre que les précédentes AC, AD, AE, et qu'il suffit de marquer 10^c, 20^c, 30^c, etc., sur l'arc de cercle pour indiquer ces pentes.

Le point A est le point de suspension G de l'aiguille, *fig.* 1, page 10, les lignes AF, AG, AH, sont les positions successives que prend l'aiguille sur l'instrument, l'arc de cercle BFGH est le limbe.

Or, dans la position de l'instrument indiquée par la planche 2, fig 2, en E, il est clair que l'aiguille prenant toujours la direction verticale, pendant que la ligne qui va au zéro du limbe reste perpendiculaire à la ligne de visée EF, l'aiguille a, sur le zéro du

direction verticale et fait avec le zéro du limbe divisé un angle qui est égal à l'angle B, comme ayant le côté FD perpendiculaire à la ligne oblique BC et le côté FG vertical, perpendiculaire à l'horizontale AB.

On a donc porté sur le limbe divisé en cuivre les longueurs d'arcs correspondants aux tangentes à

---

limbe la même inclinaison que la ligne de visée EF sur l'horizontale AD et indique ainsi la pente par mètre.

Soit donc, planche 2, fig. 1, $DE = 1^m$, AD est la pente par mètre, qu'il suffit de lire sur l'instrument, soit $0^m,72$, on verra d'une part que le triangle ABC étant semblable à AED, on a la proportion :

$$\frac{AD}{DE} = \frac{AC}{BC}, \text{ comme } DE = 1^m,$$

nous pouvons écrire

$$AD = \frac{AC}{BC},$$

et, en multipliant ces deux quantités par BC,

$$AC = AD \times BC.$$

C'est-à-dire que dans un triangle rectangle, un côté de l'angle droit est égal à l'autre côté de l'angle droit multiplié par la pente de l'hypoténuse,

Ou que sur le terrain, la hauteur d'un point au-dessus d'un autre est égale à la distance horizontale des deux points, multipliée par la pente de la ligne qui unit les deux points.

En remplaçant, dans toutes les explications ci-dessus, la tan-

mesure qu'elles augmentaient de 1 centième, au lieu d'y porter des degrés, et on a inscrit les valeurs des tangentes elles-mêmes au lieu des valeurs des arcs.

Ainsi dans l'usage de l'instrument n° 1, fig. 1 de

---

gente d'un angle par la pente, on comprendra toutes ces explications avec le préliminaire que nous venons de donner.

Le calcul de BC d'après AB mesuré le long de l'inclinaison se justifie aussi dans cette théorie de la manière suivante :

On sait que dans un triangle rectangle ABC, on a toujours :

$$(1) \qquad \overline{AB}^2 = \overline{AC}^2 + \overline{BC}^2$$

et nous venons de trouver,

$$(2) \qquad AC = BC \times AD,$$

ou en élevant au carré,

$$(3) \qquad \overline{AC}^2 = \overline{BC}^2 \times \overline{AD}^2,$$

l'équation (1) devient donc

$$(4) \qquad \overline{AB}^2 = \overline{BC}^2 \times \overline{AD}^2 + \overline{BC}^2,$$

$$(5) \qquad \overline{AB}^2 = \overline{BC}^2 \left(\overline{AD}^2 + 1 \right),$$

qui donne

$$(6) \qquad \overline{BC}^2 = \frac{\overline{AB}^2}{\overline{AD}^2 + 1}$$

et par suite,

$$(7) \qquad BC = \sqrt{\frac{\overline{AB}^2}{\overline{AD}^2 + 1}}.$$

la planche 2, l'instrument accuse une pente de $0^m,72$ par mètre, en même temps qu'il annonce que la tangente de l'angle A B C vaut 0,72, et que A C est égal au côté B C multiplié par 0,72.

Pour le calcul de B C, lorsqu'on a mesuré directement la ligne A B, on observera qu'un côté B C de l'angle droit d'un triangle rectangle est égal à l'hypoténuse A B multipliée par le cosinus de l'angle adjacent A B C, et que le cosinus d'un angle peut s'obtenir en divisant l'unité par le carré de la tangente augmenté d'une unité et en prenant la racine carrée du résultat, on aura donc :

$$ BC = AB \times \sqrt{\frac{1}{1 + 0,72^2}}, \quad \text{ou} \quad BC = \sqrt{\frac{AB^2}{1 + 0,72^2}}. $$

Pour la seconde manière de calculer la hauteur A C, en mesurant, au moyen de règles posées horizontalement, la distance de A à B, distance qui est précisément égale à B C, il est clair que la hauteur A C est bien égale à ce côté B C multiplié par 0,72, qui est la tangente de l'angle A B C, d'après le principe fondamental que nous avons rappelé.

On expliquera de même, planche 2, fig. 2, que, pour mesurer la hauteur D B dans le triangle rectangle A B D, on multipliera la distance horizontale A D par la pente 0,15, c'est-à-dire par la tangente de l'angle D A B, ou bien on mesurera le long du terrain la ligne A B, on divisera son carré par $1 + 0{,}15^2$, et on prendra la racine carrée du résultat pour obtenir la longueur de A D. On multipliera ensuite cette dernière par 0,15, et on aura B D.

Pour ce qui est de l'opération de nivellement indiqué avec l'instrument nº 2, planche 2, fig. 3, nous n'avons rien à expliquer, puisqu'il s'agit des mêmes procédés que ceux du nivellement ordinaire.

Mesurer une hauteur dont le pied est accessible, planche 2, fig. 4. Il est clair que dans le triangle rectangle A B C on a, d'après le principe de trigonométrie énoncé au début du chapitre :

A B $=$ B C $\times$ tang. C, ou multiplié par la pente lue sur l'instrument, cette pente étant précisément la tangente de l'angle C. Il est évident ensuite qu'en ajoutant à A B calculé la hauteur B D, c'est-à-dire la hauteur du niveau au-dessus du sol, on a la hauteur totale A D.

Mesurer une hauteur dont le pied est inaccessible, planche 2, fig. 5. Nommons a la distance C D des deux stations, y la distance de la station C à l'objet, b la pente de la ligne D A ou la tangente de l'angle A D C, c la pente de la ligne C A ou la tangente de l'angle A B C, x la hauteur A B du point A au-dessus du niveau, dans le triangle rectangle A B D, nous aurons :

$$(1) \qquad x = (y + a) \times b,$$

et dans le triangle ABC,

$$(2) \qquad x = cy,$$

d'où

$$(3) \qquad y = \frac{x}{c}.$$

L'équation (1) donne

$$(4) \qquad x = by + ab,$$

remplaçant dans (4) y par sa valeur (3), il vient

$$(5) \qquad x = \frac{bx}{c} + ab,$$

chassant le dénominateur en multipliant tous les termes par c,

$$(6) \qquad cx = bx + abc,$$

transposant, on a

$$(7) \qquad cx - bx = abc,$$

ou bien,

$$(8) \qquad x(c - b) = abc,$$

et enfin

$$(9) \qquad x = \frac{abc}{c - b},$$

ce qui démontre la règle énoncée.

Mesurer la largeur d'un obstacle, planche 2, fig. 6.
Appelant h la hauteur du niveau, x la largeur A C et
a la pente de B C, on aura dans le triangle rectangle
B A C,

$$h = x \times \text{tang. B C A,}$$

ou

$$h = ax,$$

d'où

$$x = \frac{h}{a}.$$

Mesurer la largeur d'un obstacle lorsqu'on ne peut approcher du bord. Planche 2, fig. 7.

C'est l'explication précédente répétée pour la mesure de la ligne E G, comme pour la mesure de la ligne E F.

Jalon-mire. Planche 2, fig. 8.

Désignant par x la distance horizontale A B, par y
la hauteur B D, par a la pente de A C, par b celle
de A D, on aura, dans le triangle rectangle A B C, en
se rappelant que la longueur du jalon B C est connue, soit 1^{m},

$$1^{\text{m}} = x \times \text{tang B A C,}$$

ou

$$1 = ax,$$

d'où

$$(1) \qquad x = \frac{1}{a},$$

et dans le triangle rectangle A B D,

$$y = x \text{ tang } BAD,$$

ou

$$y = bx,$$

et remplaçant x par sa valeur (1),

$$y = \frac{1}{a} \times b = \frac{b}{a}.$$

Pour mesurer la hauteur d'un escarpement, Pl. 2, fig. 9,

soit $AD = y$, $DC = x$, $DB = x - BC = x - 1$, a la pente de A B, b la pente de B C, dans le triangle rectangle A C D, on a

$$(1) \qquad x = by,$$

et dans le triangle rectangle AB D,

$$(2) \qquad x - 1 = ay,$$

l'équation (2) devient

$$(3) \qquad by - 1 = ay$$

$$(4) \qquad by - ay = 1$$

$$(5) \qquad y\,(b-a) = 1$$

$$(6) \qquad y = \frac{1}{b-a},$$

et l'équation (4) donne

$$(7) \qquad x = b \times \frac{1}{b-a}$$

$$(8) \qquad x = \frac{b}{b-a}.$$

L'explication serait semblable pour le cas où le jalon serait au sommet de l'escarpement.

Si maintenant on veut bien considérer les incertitudes qui résultent de l'emploi de la chaîne pour la mesure des distances, surtout de celles qui ont besoin d'être mesurées horizontalement, on reconnaîtra, qu'en prenant approximativement les millimètres de pente d'après la position de l'aiguille, et en allongeant le jalon blanc lorsque la distance est très-grande, on aura au moins autant d'exactitude qu'avec la chaîne pour l'évaluation des distances.

Si on reconnaît ensuite qu'avec les procédés actuels de nivellement, on prend les cotes du moins de points possible à cause de l'incertitude du mesurage des distances à la chaîne et du temps qu'il faut y mettre, on verra qu'il faut un temps très-court avec le jalon-mire, pour prendre les pentes des deux lignes qui vont à l'autre extrémité du jalon blanc et au sol, que ces deux pentes, inscrites sur un carnet, permettent à l'arpenteur de faire le reste de l'opération dans son cabinet, qu'il cesse d'être obligé de se fier à son aide pour la lecture de la hauteur du coup de niveau, et que, par suite de tous ces avantages, il peut, lorsqu'il est sur un terrain, donner vingt fois plus de coups de niveau dans le même temps.

Du reste, ce procédé est le même que celui par lequel on détermine en astronomie la distance du soleil à la terre au moyen de la parallaxe.

On comprend facilement que si on ne peut viser le sol au pied du jalon noir à cause des herbes, en visant une raie blanche tracée à 20 ou 30 centimètres du pied du jalon noir, on aura, par les calculs employés, la hauteur du coup de niveau au-dessus de cette raie blanche, et en ajoutant les 20 ou les 30 centimètres, la véritable hauteur du coup de niveau.

On nous objectera peut-être que la ligne de visée ne sera pas très-exacte à cause de la petite distance de nos deux pinnules de niveau, 20 centimètres. Nous répondrons que la petitesse du trou et la finesse du fil ne permettent pas une erreur de plus de 1/8e de millimètre sur 20 centimètres, ou 1 millimètre sur $1^m,60$, exactitude certainement plus grande que celle que donne le niveau d'eau sous l'influence de la capillarité et de la moindre oscillation.

On nous dira encore que lorsque nous prenons

une pente, la ligne oblique qu'on vise avec l'instrument ne rencontre pas l'horizontale à la distance du
niveau au jalon; nous répondrons que l'erreur qui
en résulte est très-petite, et qu'il est évident qu'en
mettant les pinnules de niveau aux points M et N,
page 14, fig. 7, l'oblique et l'horizontale passent par
le centre du genou toutes deux, et qu'il n'y a plus
de cause d'erreur.

CHAPITRE QUATRIÈME.

Additions et Perfectionnements.

Les pinnules de niveau peuvent être à charnière, de manière que la partie supérieure puisse se rabattre.

Voir planche 3, fig. 1.

Au lieu d'être à chape et à vis de pression, elles peuvent être simplement coudées d'équerre et placées sur la face même de la planchette à chaque extrémité.

Voir planche 3, fig. 2.

Cette figure donne le plan A, la coupe B, et l'élévation C de cette disposition.

Le réglage des pinnules de niveau se fera, soit par une simple vis,

Voir planche 3, fig. 1,

soit par une vis de rappel.

Voir planche 3, fig. 3.

A représente le plan, B est une coupe de cette vis de rappel.

Au besoin, les deux pinnules de niveau seront remplacées par une alidade. Cette alidade reposera sur le bord supérieur de la planchette à l'aide de deux tasseaux fixes A et B. A chaque extrémité de l'alidade sera une pinnule avec trou et fenêtre, et l'une de ces pinnules sera réglée par une vis de rappel C. — D est une élévation de la pinnule et de sa vis de rappel.

Voir planche 3, fig. 4.

On pourrait aussi, au lieu de consulter les tableaux, pages 21 et 22, avoir un instrument avec aiguille à double index ; on lirait les pentes par mètre sur un limbe A B, et les pentes en degrés sur un limbe supérieur, C D. — F G est le plan d'une pinnule de niveau avec vis de rappel pour le cas où on voudrait que la ligne de visée passât par le centre du genou, page 14, fig. 7.

Voir planche 3, fig. 5.

Les instruments à planchette d'acajou ou de cuivre peuvent être munis d'une boussole à limbe divisé en degrés ; nous donnons une figure représentant cette disposition.

Voir planche 3, fig. 6.

Les pinnules d'équerre peuvent être à charnière, de manière à se rabattre sur la planchette.

Voir planche 3, fig. 7.

Le Niveau-Équerre-Graphomètre peut encore avoir la forme suivante :

Voir planche 3, fig. 8.

Dans cette forme demi-circulaire, le limbe extérieur A B donne les degrés, et le limbe intérieur C D, les pentes par mètre.

Une alidade E F porte une fenêtre et un vernier à chaque extrémité, de manière que quand le vernier indique les degrés et minutes, la fenêtre laisse voir les pentes par mètre. La pente par mètre, dans ce cas, offre cette particularité, que le zéro part de l'horizontale A B, tandis que dans les autres instruments, ce zéro part de la verticale. L'alidade fixe est toujours remplacée par les deux pinnules fixes G, H, servant tantôt de pinnules d'équerre avec l'alidade fixée à 90°, tantôt de pinnules de niveau.

La coupe de l'instrument, dans sa position horizontale, est aussi représentée :

Voir planche 3, fig. 9.

La vue du même instrument par derrière est aussi donnée :

Voir planche 3, fig. 10.

G H est une tige mobile en cuivre, fixée par quatre

chapes, I, K, L, M dont deux, I et K, portent une vis de pression.

PQ est une plaque mobile à l'aide d'une vis de rappel RS, sur laquelle les pentes par mètre sont indiquées sur $0^m,10$ de chaque côté de la verticale. Cette division sert à régler l'appareil lorsqu'il fonctionne comme niveau.

Voir planche 3, fig. 11,
les détails de la plaque mobile et de la vis de rappel,

et planche 3, fig. 12,
une coupe verticale de l'instrument suivant la ligne GT.

Voici enfin une série de perfectionnements adaptés au nouveau système de niveaux.
Voir planche 3, fig. 13.

Un niveau à bulle d'air peut se placer, soit sur la planchette, soit sur une règle en cuivre, AB ; l'une des extrémités du tube de niveau portera une charnière, et l'autre une vis pour régler la bulle.

A chaque extrémité de la règle de cuivre se trouvera une pinnule (fig. 14 et 15), portant un trou et une fenêtre. Ces pinnules pourront être à charnière, de manière à se rabattre. Deux fils se couperont à angle droit au centre de la fenêtre de chaque pinnule.

Pour régler la ligne de visée, le trou et la fenêtre de l'une des pinnules pourront être établis dans une plaque particulière, pouvant se mouvoir au moyen d'une coulisse, d'une vis de rappel ou tout autre moyen, par exemple le système adopté dans le niveau de pente de Chézy. Au besoin, une lunette remplacera les pinnules, et une double règle pourra être ajoutée pour la rectification.

Au point C de la règle A B, une tige verticale C E est adaptée pour soutenir une aiguille ou un fil à plomb, elle oscille autour d'un tourillon, et un quart de cercle divisé en pentes par mètre est fixé aux points E et D.

La tige C E est mobile autour du point C, de manière à se replier sur la règle de C en D, et le quart de cercle D E peut se détacher du point E et se replier en tournant autour du point D, de façon à se rabattre suivant D A. De cette façon, l'instrument tient le moins de place possible pour le transport. Il se place soit sur un genou ordinaire, soit sur un genou perfectionné, page 12, fig. 4.

Lorsque le niveau ainsi composé est placé sur un trépied, on règle la bulle d'air dans tous les sens, on règle ensuite la ligne de visée. Puis, l'aiguille étant suspendue librement, on amène le zéro à coïncidence avec l'index de l'aiguille, et on fixe le tout avec des vis de pression.

On conçoit qu'il y a une rigoureuse précision

dans l'application de cet instrument aux usages dont nous avons parlé au chapitre II.

Le centre C de rotation de l'aiguille et l'index I doivent être dans la verticale quand cette aiguille est suspendue librement. Le plomb doit être convenablement placé à cet effet. Mais il pourrait arriver que l'aiguille fût faussée par suite d'un déplacement accidentel de la masse de plomb. Pour obvier à cet inconvénient, une vis MM' sera placée dans la balle, de façon qu'en la tournant on augmente le poids soit d'un côté, soit de l'autre, pour ramener l'index dans la verticale.

On pourrait adapter tous ces moyens de régler sur place les parties différentes des instruments aux appareils ordinaires, et arriver ainsi à toute la précision qu'on peut désirer.

Paris. — Imprimerie de P.-A. Bourdier et Ce, 30, rue Mazarine.

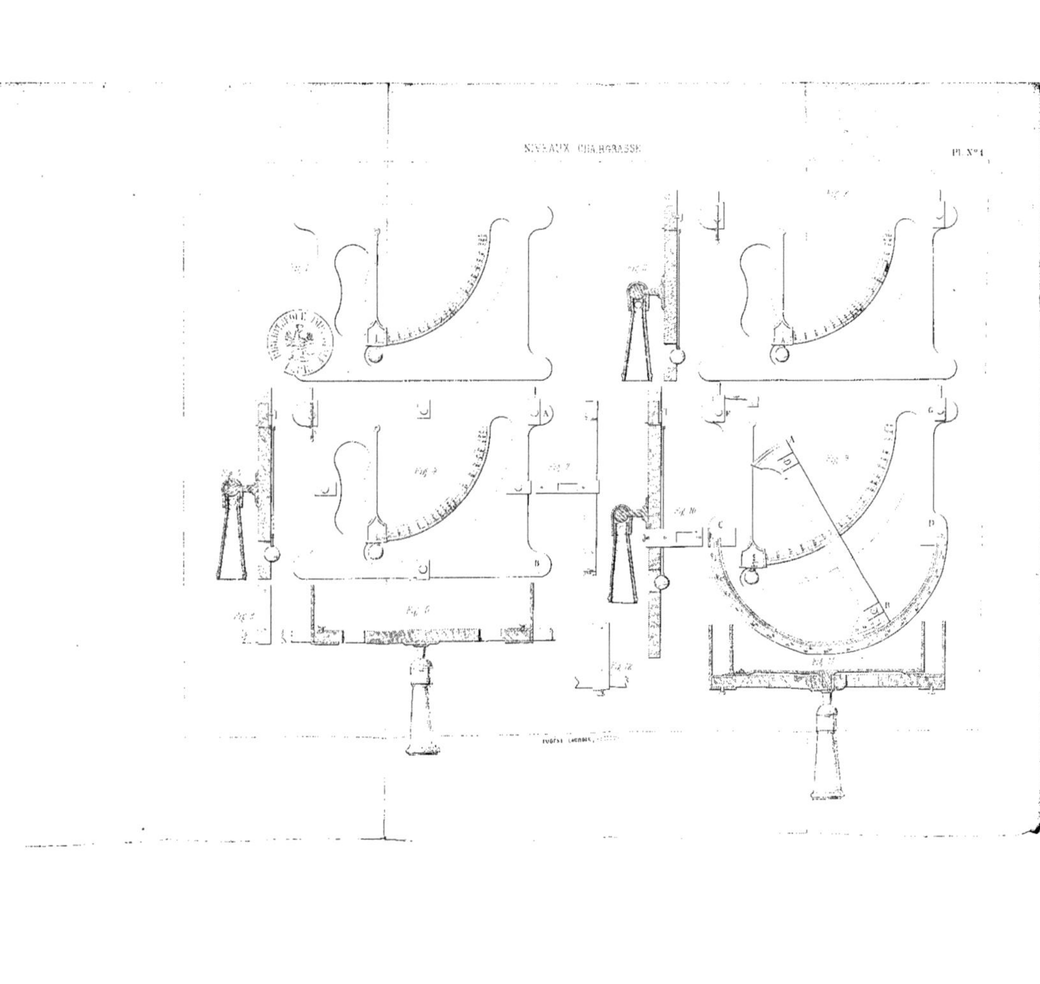

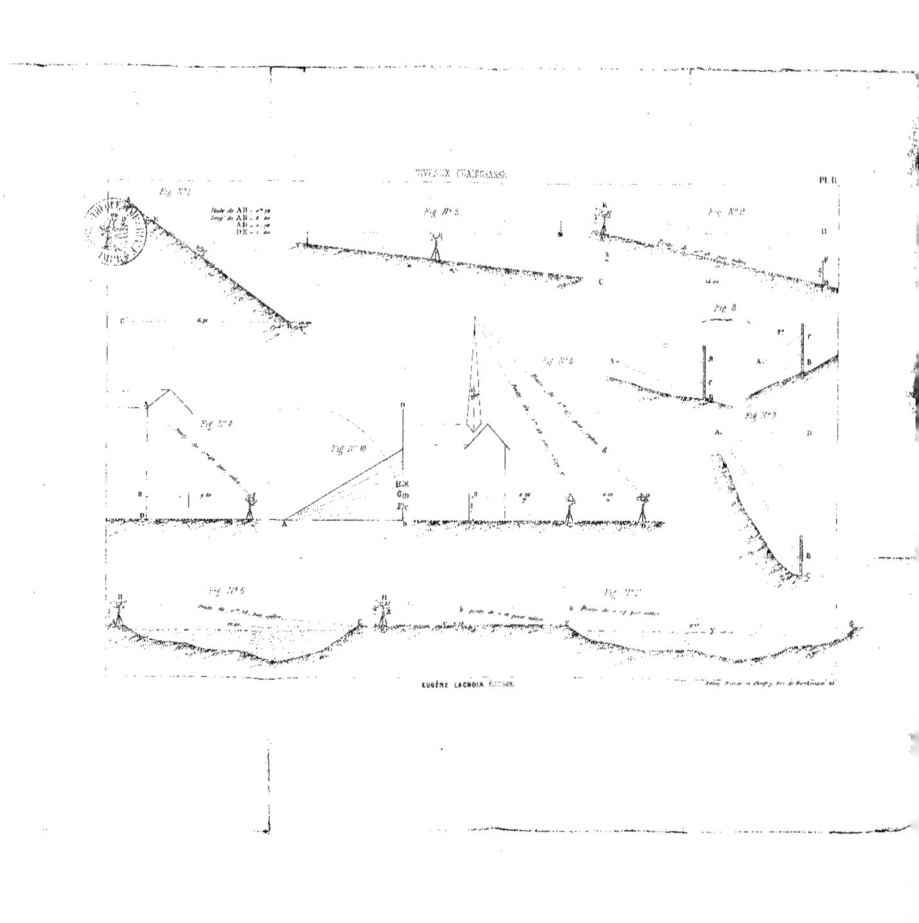

NIVEAUX CHAREAU
PL. II
EUGÈNE LACROIX, ÉDITEUR

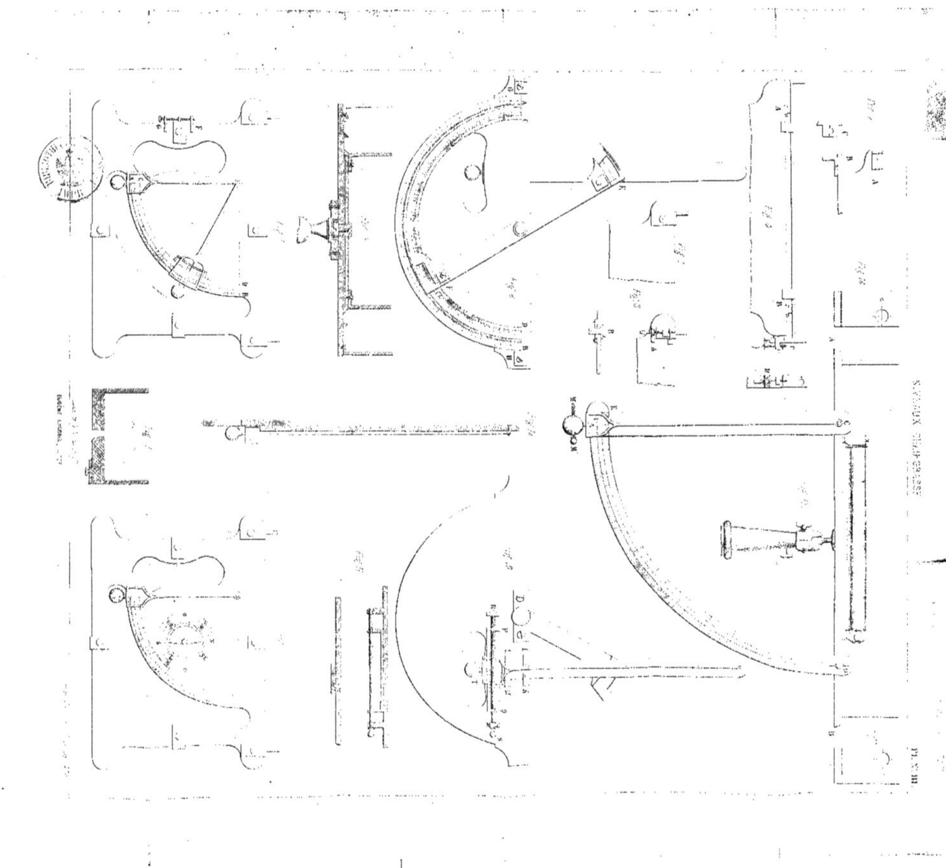